广西自然科普丛书

第四纪火山岛

黎广钊　著

接力出版社
Publishing House ｜ 全国百佳图书出版单位
Top 100 Publishing Houses in China

图书在版编目（CIP）数据

第四纪火山岛／黎广钊著．—南宁：接力出版社，2022.2
（广西自然科普丛书）
ISBN 978-7-5448-7596-7

Ⅰ.①第… Ⅱ.①黎… Ⅲ.①第四纪地质－火山岛－广西－青少年读物
Ⅳ.① P738.5-49

中国版本图书馆 CIP 数据核字 (2022) 第 024214 号

DI-SI JI HUOSHAN DAO
第四纪火山岛

著　　者：黎广钊
策　　划：李元君
监　　制：李元君
摄　　影：黄庆坤 黎广钊
特约编辑：王光灿
组稿编辑：陈玉萍
责任编辑：俞舒悦
装帧设计：REN2-STUDIO／梁潇文 袁珍珍
责任校对：陈朝辉
责任印制：刘 签
社　　长：黄 俭　　总编辑：白 冰
出版发行：接力出版社
　　　　　社　　址：广西南宁市园湖南路 9 号　　邮 编：530022
　　　　　电　　话：0771-5866644（总编室）　传 真：0771-5850435（办公室）
印　　刷：广西昭泰子隆彩印有限责任公司
开　　本：710 毫米 × 1000 毫米　1/16
印　　张：10.75
字　　数：141.5 千字
版　　次：2022 年 2 月第 1 版
印　　次：2022 年 2 月第 1 次印刷
定　　价：48.00 元

目录

火山岛中的大明星

涠洲岛全景

拥有多个"中国之最"的火山岛

涠洲岛，这座位于北部湾海域中部的美丽岛屿，不仅是无数旅行者心驰神往的秘境胜地，还是一座独具特色的火山岛。不管你是偶尔造访的游人还是生活于其中的岛民，涠洲岛的身上都藏着许多你闻所未闻、难以想象的秘密。

乍一听起来，火山离我们现代人的生活似乎很远，又有着巨大的危险，令人望而生畏。其实，火山与人类的关系极为紧密，可以说火山是地球的灵魂——没有火山活动，就没有地球的形成；更不用说，火山不仅为人类提供了各种珍贵的自然资源，创造了丰富的财富，而且还塑造了很多美丽的地质景观。今天不少火山区、火山岛已经成为热门的旅游胜地，这样就为我们提供了绝好的近距离接触和了解火山的机会，就像我们将要为大家介绍的火山岛——涠洲岛。

火山岛是大海和火山共存的自然环境之中的产物。涠洲岛（包括斜阳岛）——这座火山岛就是在大海中由海底火山爆发形成的岛屿。在人们的想象和理解中，"大海"与"火山"两个概念都有壮观和恐怖的含义。人们会把火山称为喷烟吐火射物的魔鬼，而大海则是宽广巨大的深渊。在这种神秘的自然景象面前，我们不禁会对火山岛的形成产生好奇心，开始迈出探索和了解火山岛神秘之处的第一步。

在火山岛家族中，涠洲岛是当之无愧的明星，它拥有多个"中国之最"，值得我们为你一一细数。

涠洲岛是我国最大最年轻的第四纪火山岛，由第四纪喷溢的玄武质火山岩组成，经历了 5 次喷发（旋回）才形成了这座火山岛，其中最后一次喷发（旋回）的时间大约距今 3.6 万—1.6 万年。以地质年龄来算，这座火山岛真可谓十分年轻。

　　第四纪：地球发展历史中最新的一页，是地质年代中新生代最新的一个纪，大约距今 258 万年起至现代。第四纪期间，地球经历了气候的变冷期、变暖期，人类的出现、海陆的变迁以及现代地貌的形成等一系列重大变化。第四纪是自然环境变化最大、对地球今天的环境影响最大的一个纪。

　　涠洲岛具备中国最完整的火山地质遗迹，更保存了中国最完整的多期火山活动的历史和地质记录。在涠洲岛 24.98 平方千米和与之毗邻的斜阳岛 1.87 平方千米的火山岛上，汇聚了第四纪火山最丰富完整的地质遗迹，是其他大陆与沿海地区火山遗迹所不能相比的，是独一无二的自然奇迹。更难得的是，在涠洲岛的 5 次火山喷发（旋回）活动中，除了第一次火山喷发堆积物被海水覆盖而在地表上看不到外，其余 4 次火山活动喷发作用的表现都十分清楚，形成的火山产物在地表均有出露，各次火山喷发具有明显的先后形成次序——在地质上，其火山作用的产物具有明显的上、下接触关系。显然，在涠洲岛（包括斜阳岛）上保存的这么清晰的火山活动历史和阶段的地质记录是十分罕见的。

涠洲岛有着中国最典型的火山机构（火山口）。火山机构的确定，主要依据是火山口地貌和火山口的岩石构造。国内的其他火山口标志，大多缺乏火山活动与其他地质作用相关联系的证据，而这些火山地质现象在涠洲岛上的火山口附近却清晰可见。这在我国已确定的火山地质遗迹之中是绝无仅有的，充分说明了涠洲岛（包括斜阳岛）的形成历史就是一部火山活动的历史。这座火山岛也已成为研究火山演化的天然火山博物馆，形象地向人们展示了火山活动的全过程，也向人们提供了认识火山和火山活动的天然课堂；让人们在这里感受着自然力量的巨大创造性，也为它无情的毁灭性而受到内心的震撼。

火山机构：又称火山体、火山筑积物，指构成一座火山的各个组成部分的总称，主要包括火山口、火山颈、火山锥体、火山熔岩流、火山灰流以及火山通道等要素。

涠洲岛还拥有中国最丰富的火山景观。在我国第四纪火山岩地区的火山景观中，并非个个都那么出众，一般来说都是单一的，看起来平平无奇，主要表现为地貌特征，而且仅限于火山作用自身所形成。涠洲岛的火山景观可绝对会令你大开眼界，除了地貌景观，还包含不同尺度、由多方面因素影响而形成的各种火山造型。接下来你会认识到诸如火山弹、火山雪球、海蚀凹槽、火山弹冲击坑、熔岩石龙、熔岩瀑布等千奇百怪的有趣名词。在涠洲岛火山岩海岸出现的火山碎屑岩层中，你还能欣赏到具有独特美感和韵律感的层状构造——交错层理、斜层理、水平层理，如位于涠洲岛西部梓桐木村南岸被称为"暮崖"的一大片悬崖绝壁就是典型代表。这里的火山碎屑岩层中具有明显的斜层理（位于垂直海蚀崖上）、水平层理（位于阶梯状海蚀平台上）构造景观。这些不同的层理不仅展现着各自不同的线条和韵律，还像是火山岩上的地质密码一般，将地质变化的信息尽数收纳记录，等待着你去揭开它记载下的秘密。

暮崖：暮即傍晚，黄昏；崖即悬崖，绝壁。暮崖是涠洲岛火山地质公园的著名景点之一，位于涠洲岛西部梓桐木村南岸。悬崖绝壁上褐红色的火山碎屑岩异常夺目，涠洲岛最美的日落日出景观都出自这里。无论是在晚霞辉映还是在晨光照耀下，暮崖都显示着褐红色的火山碎屑岩特征，悬崖峭壁之间透露出紫红色的浪漫，碧波荡漾的蓝色海面衬托出它的稳重、庄严和壮观。

火山雪球：指在火山碎屑物流动过程中，由于彼此高温炽热并碰撞，使许多火山碎屑物围绕某一中心旋转滚动并结合在一起形成的雪球状构造。

嵌入火山岩中的火山弹

呈现于滴水村南岸海蚀崖下的火山雪球

出现在猪仔岭海蚀平台上的海蚀凹槽

出现在南湾西部海岸红色的火山岩和火山弹冲击坑

9

南湾西岸鳄鱼山景区海岸边的熔岩石龙

暮崖的火山碎屑岩层中具有明显的斜层理（见垂直海蚀崖上）、水平层理（见阶梯状海蚀平台上）构造景观

涠洲岛不仅是火山岛，它还以其特有的地质条件成为具有丰富生物多样性的"绿岛"。这座火山岛主要由基性火山玄武质碎屑岩石组成，它不同于致密块状的花岗岩岛，其岩石中广泛分布有众多的气孔和裂隙。别小看这些不起眼的小小空间，这些空隙已经足够为各种近岸海域海洋生物（鱼类、贝类、珊瑚和其他生物）提供栖息地和附着生长的场所。这座火山岛真像是一位慷慨又好客的主人，张开大大的怀抱欢迎生物们前来安家落户，正是这样它才成为北部湾海洋上生机盎然的生物天堂。

海蚀平台上的坑洞里生长着珊瑚、贝类等生物

涠洲岛的海蚀地貌也堪称一绝。经过漫长的海蚀作用，涠洲岛在火山地貌基础上，又形成了丰富精彩的海蚀地貌景观。像涠洲岛这样，拥有海蚀崖、海蚀洞、海蚀平台"三位一体"的海蚀地貌景观，且其规模之大，典型性和完整性之高在我国沿海及火山岛岩岸也实属罕见。

火山岛分布在哪里？

当我们初步了解了火山岛涠洲岛的独特之后，不禁会问：既然火山这么重要，火山岛这么有趣，那么，世界上的火山岛都分布在哪里？中国有哪些火山岛？涠洲岛在其中又处于什么位置呢？这些火山岛之间有什么一样和不一样的地方？这些火山岛上的火山还会喷发吗？

火山岛虽然分布广泛，但并非随机分布、到处都是，而是主要分布在环太平洋地区，从南美洲的科迪勒拉山系起，转向西北延伸至位于北美洲白令海与北太平洋之间的阿留申群岛、位于俄罗斯东部的堪察加半岛，再向西南延伸至千岛群岛、日本列岛、琉球群岛、我国台湾岛，还有菲律宾群岛、印度尼西亚群岛，以及我国广东雷州湾的东南海域中的硇洲岛，乃至本书的主角涠洲岛以及斜阳岛。火山岛可以说是绕着太平洋转了一个大圈，途经区域也被称为"环太平洋火山带"。

在这些火山岛中间，既有单个的火山岛，也有群岛式的火山岛。其中比较著名的火山岛群有阿留申群岛、太平洋中部的旅游胜地夏威夷群岛，还有我国台湾海峡中的澎湖列岛等，而北部湾广西近海中的涠洲岛、斜阳岛就属于单个的火山岛。

环太平洋火山带也称环太平洋"火环"，该区域内火山活动频繁。据历史资料记载，全球现代喷发的火山80%在这里，主要分布在北美、堪察加半岛、日本、菲律宾和印度尼西亚。位于东南亚赤道附近的印度尼西亚，不但以"千岛之国"著称，还被称为"火山之国"，南部包括苏门答腊、爪哇诸岛上分布有近400座火山，其中有129座是活火山，其余都是死火山。此外，海底火山喷发也经常发生，有时会给人类造成巨大的灾难，还会使一些新的火山岛屿露出海面。

活火山：指现代还在活动或周期性发生喷发活动的火山。这类火山正处于活动的旺盛时期，仍然有可能会给人类的生命和生活带来威胁。

死火山：指史前曾发生过喷发，但在人类历史时期从来没有活动过并且长期不喷发，同时已丧失了活动能力的火山。

休眠火山：指有史以来曾经喷发过，但长期以来处于相对静止状态的火山。此类火山都保存有完好的火山形态，仍具有火山活动能力，或还不能断定其已丧失火山活动能力。

在我国，火山岛并不多见，总数大约 100 个，主要分布在台湾省台湾岛周围海域；在渤海海峡、东海陆架边缘和南海陆坡阶地以及大陆架，北部湾海域也有零星分布。

我国台湾海峡中的澎湖列岛（花屿等几个岛屿除外）是以群岛形式存在的火山岛。

台湾岛东部陆坡的绿岛、兰屿、龟山岛，北部的彭佳屿、棉花屿、花瓶屿，东海的钓鱼岛，福建漳州南碇岛，广东雷州湾的东南海域中的硇洲岛，海南三亚的蜈支洲岛，北部湾广西近海的涠洲岛、斜阳岛，渤海海峡的大黑山岛，南海西沙群岛中的高尖石岛等都是孤立于海洋中的火山岛。

涠洲岛、斜阳岛和上述火山岛都是第四纪火山喷发形成的，促使这些火山岛形成的火山现在都已经停止喷发，属于死火山。那么，第四纪火山岛到底是怎样形成的呢？

第四纪火山岛的形成

海底火山的爆发蕴含着火山岛形成的秘密。实际上，我们从来没有真正看到过海底火山爆发的景象。因为，火山喷发是毁灭性的，太危险了。

最初，海底火山只是沿着海底或洋底的裂隙溢出火山熔岩流，然后，火山喷发的熔岩流一边向海底四周滚淌，一边堆积逐渐向上增高。如在滴水村东南岸海边可以看到火山喷发的熔岩流在海底形成的火山熔岩流地貌遗迹。对于人类来说，一个好消息是大部分海底火山喷发的岩浆在到达海面之前就被海水冷却，不再活动了。

火山喷发出的岩浆被海水冷却后，凝固成一种致密状或泡沫状结构的岩石，称为喷出型岩浆岩。火山爆发流出的岩浆温度高达 1100℃—1200℃，并具有一定的黏度，在海底地势平缓区域，岩浆流动很慢，每分钟只流动几米远；当遇到陡坡区域时，速度便大大加快。岩浆在流动过程中，还携带着大量水蒸气和气泡，冷却后，便形成了形状各异、含有大量气孔的玄武岩、玄武质火山碎屑岩。如在滴水村东南可以看到火山喷发堆积形成的玄武质火山碎屑岩地貌遗迹。

玄武岩：基性熔岩的主要代表，包括一系列的岩石类型，一般呈灰黑色或黑色。按岩石结构、构造矿物成分和化学成分还可以进一步划分不同的种属，如橄榄玄武岩、气孔玄武岩。

滴水村东南岸海边火山喷发的熔岩流在海底形成的火山熔岩流地貌遗迹景观

火山岛在形成过程中呈圆锥形的地形，称为火山锥，它们的顶部则形成大小、深浅、形状不同的火山口。

滴水村东南岸火山喷发堆积形成的玄武质火山碎屑岩地貌遗迹

如果从火山口喷出的玄武岩浆黏度较低，喷出海底后会向四周溢流扩散，由此形成的火山岛坡度较缓、面积较大、高度较低，表面形成起伏不大的玄武岩或玄武质火山碎屑岩台地。如台湾海峡中的澎湖列岛，广西北部湾的涠洲岛。

斜阳岛陡峭嶙峋的火山碎屑岩海岸

当碎裂的岩块从火山口向四周滚落，就会形成地势高峻、坡度较陡的火山岛，如台湾岛东部海域的绿岛、兰屿，以及广西北部湾的斜阳岛。斜阳岛沿岸四周就形成了陡峭、险要的火山碎屑岩海岸。

斜阳岛曲折的火山碎屑岩海岸线

海底火山喷发的熔岩、岩浆不断堆积，直到厚度颇大，最终由于地壳运动，海底抬升，海水发生海退，火山露出海面，形成了位于大海之中的火山岛。如果火山喷发量大，次数多，时间长，火山岛的高度和面积也就自然随之增大。总而言之，只有由海底火山喷发熔岩、岩浆或火山灰等喷发物堆积、逐渐向上增高露出海面而形成的岛屿，才能称为火山岛。

接下来，我们将会看到一幅涠洲岛-火山岛形成过程的壮阔景象。

在第四纪早更新世时期，大约距今142万—90万年前，由于受到新构造运动的影响，北部湾一带断块下沉，发生海侵，海水进入北部湾到达涠洲岛、斜阳岛地区，形成了滨海-浅海环境，沉积了具有海陆交错相特征的地层，并发生小规模的火山活动。当时的喷发活动在如今涠洲岛中部的横路山火山口进行，从火山口溢出的玄武质熔岩流向四周漫流堆积，以涠洲岛中心高、四周低的盾形火山地形，形成了涠洲岛-火山岛的雏形。

> 海侵：又称海进，指陆地下降，海水入侵陆地、海岸线向陆地方向移动的现象。海侵常与间冰期有关：间冰期冰雪融化，使海面上升，近岸陆地被海水淹没而造成海侵现象。

这个时期形成的玄武岩，目前主要隐伏于海平面以下，在涠洲岛西南部的滴水村、蕉坑村，东北部横岭，西北部西角、后背塘等地，退潮时沿潮间带至今还可以见到部分火山玄武岩、玄武质沉凝灰岩出现的岩滩分布。它们虽然看起来并不太起眼，却是涠洲岛-火山岛形成的基底火山岩石，意义非同小可。

直到早更新世晚期，地壳隆起，海水逐渐退出，处于风化剥蚀环境。此时，涠洲岛与大陆还是连成一片，还没有形成独立的岛屿。

风化：又称风化作用，指地表或接近地表的坚硬岩石、矿物与大气、水及生物接触过程中产生物理、化学变化而在原地形成松散堆积物的全过程。

剥蚀：指岩体或土体在风力作用下被破坏并经水力、风力、冰川、波浪、海流等搬运的侵蚀过程，侵蚀与风化作用密切相关，风化使岩石松解，剥蚀蚀去和搬走风化的产物，为岩石进一步接受风化创造条件。通常将风化、剥蚀两者合并使用，称风化剥蚀。

蕉坑村—滴水村南岸潮间带退潮低潮时出现的火山玄武岩、玄武质沉凝灰岩滩，靠近海岸侧岩滩

蕉坑村—滴水村南岸潮间带退潮低潮时出现的火山玄武岩、玄武质沉凝灰岩滩，靠近海侧岩滩

涠洲岛西北岸西角码头北侧潮间带出现的玄武岩滩

　　第四纪中更新世至晚更新世时期，大约距今 90 万—3.6 万年，北部湾拗陷下降，海盆扩大，海水进入北部湾沿海边缘，涠洲岛地区处于海水淹没的坳陷沉积环境之中，海底岩浆活动频繁，发生了海底火山活动。从火山岩的沉积夹层及风化红土，或风化玄武岩的厚度及其出现次数可以判断，在此期间涠洲岛有 3 次基性火山喷发，每次喷发形成一个间歇期，并出现多次地壳升降运动。

沉积环境：指在地表或海底发生沉积作用的，其物理、化学和生物诸因素均不同的地区，如沙漠环境、海底环境、河流环境、滨海环境等。

沉积作用：指形成及堆积层状沉积物的作用。包括沉积物质供给区母岩的离解、分离出来的颗粒（如火山物质等）被搬运到沉积场所和沉积物中所发生的化学变化及其成岩变化以及沉积物的固结成岩作用。

到了晚更新世后期，出现全球大海退，涠洲岛完全出露海面，形成大海中的第四纪火山岛。

海退：指海水从海岸线向海方向撤退。海退可以由海面的下降或陆地的上升引起，可以是全球海面下降造成的结果，也可以是局部地区构造运动引起的结果。

随着火山岛的形成，长期的风化剥蚀作用和海水海浪的海蚀作用，塑造了涠洲岛如今的火山岛地貌景观。如今，涠洲岛-火山岛沿岸火山地貌、海蚀地貌、海积地貌景观千姿百态，交相辉映。

接下来，让我们先看看涠洲岛的火山地貌究竟是什么模样。

涠洲岛火山地貌景观

涠洲岛形成后的演化过程

大约距今 12000—8000 年的全新世早期，涠洲岛处于风化剥蚀阶段，直到全新世中期距今 8000—7000 年，全球气候正慢慢变暖，冰川逐渐消融，海水因冰川融化逐渐增多，大规模的海水从南海进入北部湾，直到涠洲岛地区，促使海平面不断升高。由于海平面迅速上升，环绕涠洲岛一带气候温暖，水温适宜，火山岩裸露于涠洲岛周边滨岸浅海海底，珊瑚开始在岩礁上生长、发育，当时海水淹没到涠洲岛沿岸现今海拔六七米的位置，经过日复一日的冲击、侵蚀，岛的周边沿岸形成海蚀崖、海蚀洞、海蚀平台、海蚀柱和岬角、海湾；岛上处于风化剥蚀状态，火山岛的原始地形被破坏，形成了风化红土。

距今 7000—3000 年的全新世中期，海平面上升速度减慢并趋于稳定。在涠洲岛的北部和东部波影区开始发生沉积，在沿岸形成沙堤－沙滩－潟湖沉积体系和珊瑚岸礁等。

> 波影区：一般形成于海洋中的岛屿都存在有逆波浪面海岸和背波浪面海岸，岛屿的逆波浪面海岸区遭受波浪侵蚀，而在岛屿背波浪面海岸区被岛屿本身阻挡了一部分波浪，从而导致运移沉积物的波浪能量随之减弱，泥沙开始堆积形成沙嘴、沙坝、沙滩的海岸区域称为波影区。

潟湖：指沿岸浅水海域被沙堤、沙嘴或珊瑚礁分割而与外海相分离的局部封闭或半封闭的海水水域。一般当波浪向岸运动，泥沙平行于海岸堆积常可形成沿岸沙坝（堤）潟湖地貌组合。当海岸上升，半封闭或封闭式潟湖中海水退出时，潟湖就演变形成潟湖堆积平原。

涠洲岛南部高大的海蚀崖下潮间带浅水岩滩中，生长着珊瑚礁和各种鱼类

涠洲岛东北部横岭潟湖堆积平原，如今已成为草地牧场

　　自晚全新世（距今约 3000 年）以来，涠洲岛受缓慢上升的高海平面的影响，在不同时期形成的海蚀洞高出现代海平面 2 米—40 米，海

积沙堤顶部高出现代海平面4米—16.5米，古潟湖堆积平原高出现代海平面4米—6米。

涠洲岛地区的潮汐作用较强，且受季风控制，西南向和南向风浪强大，南部、西部海岸受到长期的强烈侵蚀作用，而北部和东北部波影区产生堆积作用，从而形成涠洲岛沿岸"南侵北堆"的地貌特征。

涠洲岛（包括斜阳岛）火山地貌主要有火山碎屑岩台地、破火山口、火山弹3种类型。

涠洲岛北部北港一带沿岸形成的沙滩地貌

火山碎屑岩台地

涠洲岛火山碎屑岩台地

  火山碎屑岩台地是涠洲岛（包括斜阳岛）特色的地貌类型之一，广泛分布于由第四纪火山在海底喷发堆积、长期缓慢抬升形成的火山碎屑岩岛——涠洲岛、斜阳岛以及猪仔岭岛，总面积 20.46 平方千米。

  台地：是指四周有陡崖的、直立于邻近低地、海底平原，顶面形成高低起伏不定形似台状的地貌。根据物质组成可分为黄土台地、红土台地、火山碎屑岩台地等。如涠洲岛（包括斜阳岛）是由火山碎屑岩物质组成的台地，故称为火山碎屑岩台地。

其中，涠洲岛火山碎屑岩台地的面积最大，为 18.59 平方千米，占火山碎屑岩台地总面积 20.46 平方千米的 90.86%，占涠洲岛面积 24.98 平方千米的 74.42%。斜阳岛次之，猪仔岭更小。当你从空中俯瞰涠洲岛全景时，会感到心旷神怡，精神为之一振，不禁赞叹它的美丽；再从涠洲岛东南岸眺望对面碧波荡漾的大海中的斜阳岛，又会有一番浮想联翩，真是令人心驰神往的海岛；而当你站在鳄鱼山上向南湾口东侧俯视，又会看到形似猪仔的猪仔岭全景，美不胜收。

空中俯瞰涠洲岛全景

自涠洲岛东南岸遥望对面的斜阳岛

南湾口东侧的猪仔岭全景

火山碎屑岩台地主要由橄榄玄武岩、沉凝灰岩、沉凝火山角岩、火山集块岩等火山碎屑岩构成。火山碎屑岩层中具有交错层理、透镜状层理、斜层理及水平层理构造特征。如下图揭示了涠洲岛火山碎屑岩台地滴水村南岸出露的火山碎屑岩形成交错层理、斜层理及水平层理构造特征，这反映出其形成环境是属于海底火山喷发沉积，后因新构造运动上升为海岛火山碎屑岩台地。

涠洲岛火山碎屑岩台地滴水村南岸火山碎屑岩岩层上部交错层理、透镜状层理、斜层理及水平层理构造特征

涠洲岛火山碎屑岩台地滴水村南岸火山碎屑岩岩层下部透镜状层理、交错层理、斜层理及水平层理构造特征

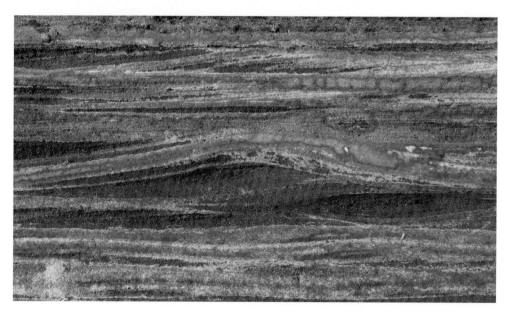

涠洲岛滴水丹屏景区内海蚀崖上的透镜状层理、水平层理

涠洲岛鳄鱼山西拱手一带台地地貌景观

在涠洲岛火山碎屑岩台地南部，自东岸石盘滩往西南到湾仔角，再经南湾至西部滴水村至高岭一带海岸，为高20米—40米的海蚀崖，形成接近直角的陡崖，并与海蚀平台、岩滩相连接。这些地方的地貌景观，在光线的涂抹和映照下，极具雄奇之美，显现出醉人的色彩。

涠洲岛火山碎屑岩台地南部鳄鱼山西面拱手一带的海蚀崖

涠洲岛火山碎屑岩台地西岸高岭海蚀崖与海蚀洞

涠洲岛火山碎屑岩台地西岸高岭海蚀崖

涧洲岛火山碎屑岩台地西岸高岭海蚀崖与海蚀平台

涠洲岛火山碎屑岩台地西南岸西面拱手一带台地与海蚀崖、海蚀平台地貌景观

涠洲岛火山碎屑岩台地西岸大岭—龟咀一带台地与海蚀崖、海蚀平台地貌景观

斜阳岛火山碎屑岩台地

斜阳岛火山碎屑岩台地与涠洲岛相比，其地形地貌更加陡峭和险峻，寻常人不易到达，因此也更具神秘感和吸引力。

斜阳岛地势呈北部、西部高，向南部、东部逐渐降低，中南部为低洼地，即干涸火山口湖；最高点位于羊尾岭，高度为140.4米，其四周沿岸形成30米—80米高的陡崖，直逼海岸边缘，插入海底水深10米—20米。如下图反映了斜阳岛沿岸火山碎屑岩台地海蚀崖极为陡峭、险要的特点，崖壁上形成了很多小型的海蚀洞。

斜阳岛火山碎屑岩台地海蚀崖陡峭、险要，崖壁上形成小型的海蚀洞地貌特征

斜阳岛火山碎屑岩台地海蚀崖上出现的深灰色玄武质凝灰岩丘状交错层理，是在惊涛骇浪的海底环境下形成的景观

斜阳岛火山碎屑岩台地海蚀崖上出现的灰黄色凝灰岩丘状交错层理

火山碎屑岩台地并非人们想象中的不毛之地，而是大自然给人类留下的一种特别馈赠。由于长期受到地表水及风化剥蚀等外部因素的共同作用，涠洲岛火山碎屑岩台地表层形成风化红土层，并形成起伏不平的小山丘，上面生长着茂盛的植被，呈现出一派热带岛屿的田园风情。

涠洲岛火山碎屑岩台地经过长期风化，表层形成风化红土层特征　　在火山碎屑岩风化红土层种植的龙眼树

涠洲岛中部城仔村一带火山碎屑岩风化形成的红土层被开发为种植玉米的耕地

涠洲岛上的火山碎屑岩台地地势平缓，火山碎屑岩风化形成的红壤土厚度大且土质肥沃，宜于耕种，再加上气候宜人、得天独厚的环境，不仅滋养得树木花草郁郁葱葱，景象多姿多彩，更使香蕉、甘蔗、地瓜、木薯、花生等农作物长势喜人，产量丰富，果实的味道格外香甜可口，涠洲岛水果的美名也因此传播到四面八方。当你来到涠洲岛时，无论是乘车沿着环岛公路环绕四周观望，还是行走在村庄小道之间，到处都可见茂密的香蕉林。

涠洲岛随处可见的茂密香蕉林

涠洲岛香蕉林里生长中的香蕉果实

在村庄附近肥沃的红壤土上，可见到种植有各种蔬菜的小菜园。这些因地制宜的海边菜园，令人不禁赞叹涠洲岛人的勤劳和智慧。

海边菜园——石盘河村附近火山碎屑岩风化红土层被开发为菜园

海边菜园——石盘河村附近火山碎屑岩风化红土层上的蔬菜作物长势喜人

破火山口

潤洲岛（包括斜阳岛）的火山活动具有多喷发中心，滨海－浅海海底喷发沉积的特点，所以火山口及火山形态不如陆地上喷发的火山那样明显。在地表水冲刷作用、风化剥蚀作用、海水侵蚀作用等影响下，火山口的原始地形保存极不完整，故称破火山口。

根据地形地貌、火山喷发物质分布特点等因素综合分析，潤洲岛－火山岛形成有南湾火山口和横路山火山口等 2 个火山口，斜阳岛有 1 个火山口。

南湾火山口

南湾火山口位于潤洲岛南部的南湾中。南湾为一直径约 2 千米、南部开口（湾口）与海相通的半圆形港湾，其东、西、北三面为 15 米—50 米标高的海蚀崖。由于火山口中心发生凹陷被海水淹没，火山口南部遭受海水侵蚀破坏、冲刷，海水淹没了原始火山口，形成现今的半圆形港湾——南湾。

南湾鳄鱼山景区海岸边的火山口标识碑

虽然今天我们站在南湾海岸边，已经看不到火山口的踪迹，但幸运的是，在南湾东、西、北三面海蚀崖陡崖岩壁上，仍保留着丰富且完好的火山岩剖面和各种喷发构造，就像是大自然在这里安排下的一部凝固的电影，无声地记录了火山爆发的过程。

在南湾西侧一带海岸的海蚀崖及东侧猪仔岭的陡崖上，至今可见有数米至十多米厚的集块火山角砾岩及集块岩，并出现有形态各异、大小不等的火山弹。自火山口向外，火山碎屑物由粗逐渐变细。据此，我们可以推断，南湾港中有一火山口存在。

南湾东岸（猪仔岭）、西岸（鳄鱼山）两侧均为火山碎屑岩台地，南湾北岸繁华的南湾街，背后就是古（死）海蚀崖和古海蚀平台，在形态上呈现出被海水侵蚀破坏后的火山口残迹。在南湾口东、西、北岸三面，都是由火山碎屑岩构成的海蚀崖、海蚀平台、岩滩，其中西侧鳄鱼山和东侧猪仔岭的海蚀崖壁上，出露数米厚的呈烧焦的褐红色、褐黑色火山岩烘烤层等火山口地貌特征。

南湾火山口西岸海蚀崖壁上出露呈烧焦的褐红色火山岩烘烤层

南湾火山口西岸海蚀崖壁上出露呈烧焦的暗红褐色火山角砾岩

南湾火山口西岸海边栈道向海侧海蚀平台上的褐红色火山岩

南湾鳄鱼山景区海边灰黑色的火山岩

滴水村附近海蚀崖上烧灼痕迹明显的火山岩

滴水村一带海岸大片灰黑色的火山岩

横路山火山口

这个火山口可以说十分低调，不显山不露水，而又具有非常重要的地位，正是这个火山口的火山喷发才造就了涠洲岛-火山岛的雏形。

横路山火山口位于涠洲岛横路山西北约 600 米的小山丘上，海拔 52.6 米，出露第三喷发旋回第二次喷发的玄武岩，纵横 200 米—600 米，由于风化剥蚀作用及植被覆盖，所以无法直接被观测到，其火山口特征已不甚明显，地貌上似一个盾形火山锥。据横路山火山口地质钻孔资料及电测资料分析结果，盾状低丘中部火山岩厚度最大可达 370 米，而周围却只有数十米。自火山口中部向外火山岩逐渐变薄，因此推测这里有一火山口存在。

喷发旋回：即火山喷发旋回。指由火山活动本身变化而引起的火山岩重复出现和周期变化现象。

斜阳村火山口

斜阳村火山口位于斜阳岛斜阳村。地形上形成四周高、中间低的一个洼地，洼地平坦，宽300米—400米，海拔34米。由于经过长期风化形成红壤土，这一火山口后来被人类开辟改造成较平坦的农作物耕地，主要是种植玉米和红薯、花生，如今则是视野开阔、优美静谧的一片山间草地，周围是绿树覆盖起伏不大的小山，为标高76米—140米的火山碎屑岩台地。

斜阳村的地质钻孔资料显示，这里的洼地火山岩厚度达200多米还未见底，可见当时喷发的强度和规模，而周围的火山碎屑岩仅有数十米至百余米厚，据此推测此洼地为一个火山口。

斜阳村火山口呈现为一个四周高、中间低的火山口洼地，周边为标高76米—140米的火山碎屑岩台地

斜阳岛火山口附近地貌

火山弹

　　火山弹的名字听起来就很有趣，别看它的个头不大，却是火山喷发的重要见证者。它主要出现在涠洲岛晚更新世火山玄武质凝灰岩中。根据其形态可以分为两类：一类是岩浆把喷发管道中的破碎玄武岩块带出，喷射到空中，然后落入地面而成，称为刚性火山弹；另一类是岩浆喷发时喷射到空中未固结的岩浆块体落入地面而成，表面有皱纹，并在下落的过程中被扭曲成麻花状，称为柔性火山弹。一般来说，刚性火山弹较多，柔性火山弹较少。

　　在火山碎屑岩中出现的火山弹，既有单个的，也有成群的，形态各异。在游览涠洲岛的过程中，不经意间偶遇火山弹，也会带给我们一种惊喜的体验。

南湾西岸海蚀崖壁上出现刚性火山弹特征

南湾西岸海蚀崖壁上出现柔性
火山弹特征

形似摆在盘上的鸡蛋形态的
刚性火山弹

石螺口海蚀崖壁上出现相近的两个刚性火山弹特征

哨牙湾东岸海蚀崖与海蚀平台交界处出现刚性火山弹群地貌特征

石螺口海岸海蚀平台上出现刚性火山弹群地貌特征

斜阳岛海蚀崖上的刚性火山弹

嵌入海蚀崖壁火山岩层中的火山弹

分布在海蚀崖壁上大小不等的火山弹群及其周边的绿色苔藓植物

如果你仔细观察，就会发现火山弹各有不同，它们的风化颜色、构造有明显的层次。由于火山弹的成分与结构和构造不同，刚柔有别，抗风化能力各异，因而在潮间带火山岩海蚀平台上，有凸出地面的火山弹和火山弹风化后被海水冲掉而留下的弹坑。当潮水退去后，在南湾火山口沿岸海蚀崖和海蚀平台上，可见到形态多种多样的火山弹，有纺锤形、球形、椭球形、扭曲形或薄饼状等。它们大小不一，从几厘米到1米左右不等。火山弹的成分为玄武质熔岩。完好的火山弹表壳为玻璃质，内部有很多气孔，而且气孔从内向外由多变少，由大变小。

现在，我们已经初步了解了火山地貌特征，那么火山岩海岸侵蚀地貌形态又是怎样的呢？

涠洲岛海蚀地貌

涠洲岛-火山岛处于没有任何遮蔽的广阔的海域，风浪强度大，岩岸为更新世火山碎屑岩地层，固结程度差，而且这一区域地壳还处于间歇性上升阶段，这些都为海蚀地貌的形成、发展提供了极为有利的条件。

　　在涠洲岛西部石螺口—大岭—高岭岩岸地段，形成长达 2 千米、高35 米—45 米的海蚀崖底部前方发育有长达数百米，宽 15 米—50 米的海蚀平台。如石螺口海蚀平台的台面出现形成在同一水平线上的沟、脊平行排列，在海蚀崖与海蚀平台交界处可见两个或多个平行排列海蚀洞地貌景观。在涠洲岛东南部石盘河滩—五彩滩—哨牙湾岩岸地段，形成长达 2.5 千米、高 10 米—20 米的海蚀崖底部前方发育有长达 1 千米，宽 15 米—200 米的海蚀平台，如五彩滩西岸出现形成阶梯状的海蚀平台地貌，哨牙湾西岸出现形成自海蚀崖脚微向海方向倾斜的海蚀平台地貌。

　　在涠洲岛南部岩岸地段，长达 10 余千米几乎都发育有高达 20 米—50 米的海蚀崖，崖面耸立，蔚为壮观；海蚀平台在海蚀崖底部前方展布，平坦而宽阔，退潮时可见宽达几十米甚至上百米的海蚀平台，开阔壮观；在海蚀崖与海蚀平台的交界处，形态各异的海蚀洞随处可见。

海蚀平台

　　海蚀平台（又称海蚀阶地），是火山岩石海岸在海浪长期侵蚀作用下，海蚀穴崩塌、海蚀崖不断后退而形成的向海微微倾斜的平台，又称波切台。这类海蚀地貌通常沿着海蚀崖下部崖脚呈条带状分布，规模大小不一，表面较为平坦。海蚀平台位于潮间带中上部，退潮期间出露，涨潮期淹没，可长达数百米至 1 千米，宽 10 米—100 米不等。

　　在涠洲岛，海蚀平台主要见于南湾西岸鳄鱼山—焦坑—滴水村沿岸、西岸大岭—高岭—梓桐木沿岸、东南岸五彩滩—哨牙湾沿岸一带火山岩海岸，在斜阳岛、猪仔岭等区域的潮间带内也有分布。

　　海蚀平台并不一定都像我们想象的那样"平"，它也有着多种多样的复杂地貌。涠洲岛（包括斜阳岛）海蚀平台的地貌形态复杂程度会随着海岸岩性不同而变化。一般来说，由凝灰质砂岩、玄武质沉凝灰岩构成的海岸所形成的海蚀平台，地面相对平坦、简单，没有明显起伏的微地貌现象。

如涠洲岛五彩滩东岸退潮后出现的海蚀平台较为平坦、干净，高低起伏不大，五彩滩西岸退潮后出现的海蚀平台则形成阶梯状地貌；涠洲岛西岸大岭岸段的海蚀平台和斜阳岛东部湾的海蚀平台，地面被波浪冲刷、侵蚀，也形成了较为平坦、没有泥沙覆盖的干净的平台；还有的海蚀平台由于遭受海水冲刷作用形成高低起伏不平的平台地貌。总之，形形色色，不一而足。

五彩滩东岸，在清晨阳光的照耀下，退潮后出现的海蚀平台较为平坦、干净，高低起伏不大

五彩滩西岸，在清晨阳光照耀下，退潮后出现阶梯状的海蚀平台地貌

东南岸（即哨牙湾西岸）的海蚀平台自海蚀崖脚向海方向微倾斜

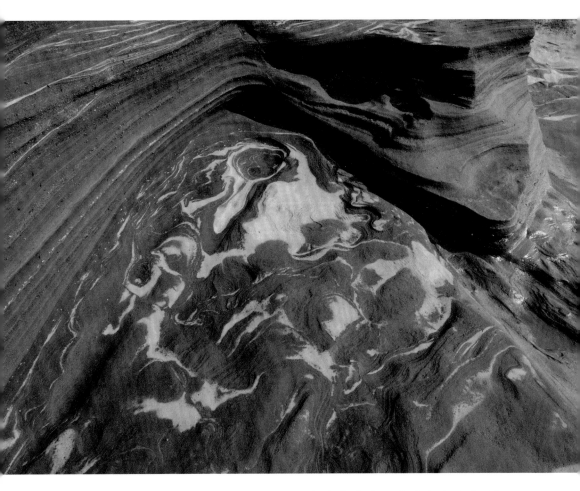

哨牙湾西岸局部区域海蚀平台面上火山沉凝灰岩在海底回旋的水流（漩涡）环境下形成的沉积构造地貌特征

鳄鱼山景区滑石咀附近出现阶梯状海蚀平台，高一级的平台已露出水面1米以上，低一级的平台刚刚露出水面

鳄鱼山景区西岸月亮湾海岸出现的海蚀平台，由于遭受海水冲刷作用，形成高低起伏不平的平台面

石螺口海岸潮间带出现的海蚀平台面，成片形成在同一水平线上的沟、脊平行排列

鳄鱼山景区西岸月亮湾海岸西侧海蚀平台局部区域，由于岩性不同，在海水冲蚀、溶蚀作用下，形成密密麻麻、形状各异的海蚀微型凹坑

哨牙湾东岸自海岸向海方向微倾斜的海蚀平台内侧，即靠近海蚀崖脚下平台面上覆盖着一薄层沙质沉积物

火山黑色玄武岩构成的海蚀平台，在低洼处覆盖有一薄层沙质沉积物

火山沉凝灰岩构成的海蚀平台

海浪侵蚀形成平坦干净的海蚀平台

古海蚀崖

古海蚀崖是指现今不遭受海水波浪侵蚀的"死"海蚀崖。涸洲岛上的古海蚀崖仅见于南湾街一带的火山岩壁。这一带的古海蚀崖崖壁高20米—50米不等，延伸长度约2.5千米，崖壁直立，局部为陡坡，尤其是南湾街西部的中国石化加油站岸段的古海蚀崖高达25米—40米。南湾街古海蚀崖脚下的海蚀平台，如今已全部开发建设成街道和居民房屋，成为涸洲岛最繁华热闹的所在。古今对照之下，不禁让人有沧海变桑田的感慨。

涸洲岛南湾街三婆庙后的古海蚀崖，已被植被重重遮蔽

南湾街三婆庙后的古海蚀崖近景，可见黑色的灼烧痕迹

南湾街西部的中国石化加油站岸段古海蚀崖上的海蚀洞

　　一般海蚀崖的崖脚与海蚀平台后缘相连，如今，大海的波浪已经再也作用不到崖脚，只能望"崖"兴叹，海蚀崖已停止了发育。由于长期没有被海水、海浪冲刷，崖壁上已经长满了植物。经过植物改造和风化作用，这些崖壁看起来一身披挂，绿意葱茏，让残存的海蚀作用遗迹变得不那么明显，需要我们仔细观察和辨认。

海蚀崖

　　海蚀崖（又称活海蚀崖）是指现今仍不断遭受海浪侵蚀的"活"海蚀崖，多见于沿岸的基岩岬角或海岛的迎风浪一侧，海浪的长期侵蚀、冲刷和重力作用造就了它。海蚀崖现今仍受到海浪冲蚀作用，其前缘一般形成有海蚀平台，崖面上形成有高高低低、大小不等的海蚀穴（洞），如涠洲岛西岸著名景点暮崖与附近的大岭基岩海岸的海蚀崖。

涠洲岛东南岸到西南岸连绵的海蚀崖。近处为猪仔岭一带的海蚀崖，远处为鳄鱼山海蚀崖

涠洲岛西岸的暮崖，位于梓桐木村龟咀的基岩海岸，形成险要、陡峭、直立式的海蚀崖，崖脚下的海蚀平台刚刚被海水淹没

涠洲岛西岸暮崖附近大岭基岩海岸，形成险要、陡峭、直立式海蚀崖地貌特征

涠洲岛西岸、西南岸、东南岸及斜阳岛四周沿岸，都分布着高大的海蚀崖。涠洲岛海蚀崖大部分高 10 米—30 米，而在涠洲岛南湾西岸、猪仔岭南岸、高岭—大岭—龟咀一带崖壁则高达 35 米—45 米，西部高岭海蚀崖更是高达 40 米—50 米。

涠洲岛西部滴水丹屏景区一带高大的海蚀崖

涠洲岛鳄鱼山景区西部著名景点月亮湾海岸上高大雄伟、天然城墙式的海蚀崖

在海浪侵蚀和重力的作用下，岩岸还会有新的火山岩块崩塌，海蚀崖仍在不断后退之中，如猪仔岭海岸的海蚀崖。

还有的海蚀崖一边遭受海浪侵蚀而不断后退，一边在岩石空隙泉水滴漏的作用下，崖顶长年被滴水溶蚀，海蚀崖与海蚀平台上呈现出美丽的色彩和分明的层次。这样的奇观足以令游人沉醉，使之为大自然的"丹青妙手"而赞叹不已。

涠洲岛南岸猪仔岭北部海岸的海蚀崖，仍在遭受海浪侵蚀，有不断后退的趋势

滴水丹屏景区西部，在崖顶长年滴水的溶蚀下，海蚀崖和海蚀平台呈现出美丽的色彩和分明的层次

海蚀崖顶部岩石裂隙经滴水长年溶蚀后，形成各种不同色彩的美丽带状图案

涠洲岛、斜阳岛沿岸的海蚀崖壁陡峭耸立，在不同的高度上，除了有大小不等、形态各异的海蚀洞穴，壁岩中还可见大小不等的火山弹，海蚀崖上部常有仙人掌生长，映衬着壮观的火山岩与海蚀崖，可以说是涠洲岛的特色风景。如涠洲岛梓桐木村附近暮崖的海蚀崖和崖顶生长的

夕阳映照下，涠洲岛西岸梓桐木村附近暮崖的海蚀崖和崖顶丛生的仙人掌

仙人掌丛，在夕阳映照下更增添了自然的旖旎风情。还有些海蚀平台面低洼处形成平坦、洁净、细腻的沙滩，映衬出火山岩的雄伟与坚硬，适合游人在这里轻松漫步，嬉戏玩耍。

滴水丹屏景区东部的海蚀平台面低洼处细腻的沙滩

　　有些海蚀崖的崖脚处，仍在遭受波浪冲蚀，形成海蚀洞穴。海蚀洞穴局部还因重力作用时有崩塌现象发生，由此可见大自然无时无刻不在发挥它的威力。斜阳岛海岸东部湾岸段的海蚀崖高达70米—80米，长数百米至几千米，崖壁被海浪侵蚀形成锯齿状，崖壁下形成平坦的海蚀平台。在涠洲岛东南岸湾仔村东岸五彩滩西侧海岸，也形成了平整、干净的阶梯状海蚀崖状地貌景观。

涠洲岛东南岸湾仔村五彩滩西侧海岸，形成平整、干净的阶梯状海蚀崖地貌

海蚀洞

海蚀洞又称海蚀穴，发育于海蚀崖与海蚀平台交界附近的海蚀崖面或海蚀崖面不同高度的位置上。海蚀洞是在海平面相对稳定时期海浪对岩岸不断冲刷、磨蚀的产物。它的发育程度和形态的大小，取决于岩岸的岩性、产状、节理、断裂的发育程度，也与海浪强度和海岸所处的地段有关。

随着地球地壳的抬升，海蚀洞也被相应地抬高，在海蚀崖的不同高度上，我们都能找到它的踪影，如斜阳岛海岸海蚀崖上高处的海蚀洞、鳄鱼山景区海岸海蚀崖上的海蚀洞。

涠洲岛海蚀洞地貌主要见于南部南湾东、西岸，西南部滑石咀—蕉坑—滴水村沿岸，西部高岭—大岭—梓桐木村南岸，东南部湾仔村东南

斜阳岛海岸上海蚀崖高处的海蚀洞　　　南湾鳄鱼山景区海岸海蚀崖上的海蚀洞

五彩滩—哨牙湾沿岸的火山岩岩壁上。涠洲岛上有龟洞、牛鼻洞、通天洞、贼佬洞等不同大小、形态各异的具有火山岛特色的海蚀洞。

龟洞

　　龟洞位于涠洲岛南湾东岸岬角海蚀崖壁下部，规模较大，洞高 3.45 米，洞深 21.5 米，洞口宽 20.8 米。这座海蚀洞外形形似一只匍匐在沙滩上的海龟。龟洞处于小海湾内，洞的内外均有松散的海滩沙和火山碎屑岩块堆积。据涠洲岛当地百姓说，数十年前，每年都有海龟爬到洞里下蛋，因此，涠洲岛当地人称此洞为龟洞。龟洞之名名副其实。

南湾口东侧海岸火山岩海蚀洞形似一只匍匐在沙滩上的海龟

牛鼻洞

　　在涠洲岛火山碎屑岩台地西岸火山岩海岸海蚀崖下部，有多个海蚀洞排列在一起的地貌形态，如涠洲岛西岸高岭南岸海蚀崖下部形成相近连续排列的三四个大小不等、形态各异的海蚀洞（潮水上涨，淹没潮间带后）地貌景观。更有趣的是，在高岭西侧海蚀崖崖脚下，形成有两个相近排列并呈现形似牛鼻状的海蚀洞，故称牛鼻洞。

涠洲岛西岸高岭南岸海蚀崖下部，形成相近排列的三四个大小不等、形态各异的海蚀洞（潮水上涨，淹没潮间带后）地貌景观

牛鼻洞在涠洲岛并非独一无二，在涠洲岛火山碎屑岩台地东南岸哨牙湾海岸海蚀崖下部和斜阳岛海岸海蚀崖下部，也各有两个形似牛鼻状的海蚀洞。

涠洲岛东南岸哨牙湾海蚀崖下部，呈现形似牛鼻状的海蚀洞景观

斜阳岛海岸海蚀崖下部，呈现形似牛鼻状的海蚀洞景观

海蚀洞一般分布于海蚀崖与海蚀平台的交界处。海蚀洞的洞底及洞口外通常是基岩海蚀平台，但也有个别岸段中的海蚀洞在不同季节、不同年份其洞底及洞口外的沉积地貌变化较大，尤其是风浪作用强烈的基岩海岸。比如涠洲岛西岸高岭南岸海蚀崖下部，在冬春季节期间被风浪搬运来的沙质沉积物覆盖海蚀洞的洞底及洞口和基岩海蚀平台，形成沙滩地貌，夏秋季节又被风浪又将沙质沉积物搬运到海里或其他岸段中，还原海岸原来的海蚀平台地貌。

涠洲岛西岸高岭南岸东侧海蚀崖下部形成海蚀洞和海蚀平台。基岩海蚀平台在冬春季节期间被风浪搬运来的沙质沉积物覆盖，形成沙滩地貌（在洞中向洞口外拍摄）

通天洞

　　通天洞位于涠洲岛南湾西岸的高位海蚀平台上。之所以有如此霸气的名字，是因为它除了有一个海水进出的洞口，洞内顶部还有一个向上通往海蚀平台面的洞口，故称通天洞。它发育在高位海蚀平台上，是由海水沿着岩岸上的构造节理冲蚀形成的蜿蜒曲折的海蚀洞，长达二三十米，直至海蚀崖脚处。由于顶部垮塌，最终形成一个竖井，直径约2米，深约2米，底部与海水贯通，成了一个"通天洞"。

涠洲岛南湾西岸在海蚀平台上的通天洞洞口

贼佬洞

贼佬洞位于涠洲岛南湾湾口西岸海蚀崖上中部。传说在几百年前，出没于涠洲岛海域的一伙海盗，被官兵围剿时逃入此洞，后被官兵用火烟熏出，故称为贼佬洞，又称藏宝洞。相传洞中还遗留有大量财宝，更增添了贼佬洞的神秘感。

涠洲岛南湾湾口西岸鳄鱼山公园海蚀崖壁上形成一海蚀洞，称贼佬洞，又称藏宝洞，洞口已被杂草遮挡住了

贼佬洞洞口掩隐在丛生的杂草灌木丛中，洞口高约 2 米。但贼佬洞的洞深可能达数千米，因此此洞未必是因海蚀作用形成。还有人提出此洞为火山隧道（或熔流隧道）。有关此洞的深处状况及成因，还有待进一步的调查研究。

藏龟洞

　　藏龟洞位于涠洲岛南湾西岸鳄鱼山公园湾口咀附近海蚀平台上，洞口宽3米—4米，高2米—3米，深约10米。在深入洞口约2米处出露有一形似海龟头的岩块悬在洞中，其"龟体"隐藏在洞壁内，海龟头朝向洞口，窥视大海，欲出又止，生动形象。

涠洲岛南湾西岸鳄鱼山公园湾口咀附近海蚀平台上形成一海蚀洞，称藏龟洞。往洞内观看可见有一形似海龟头的岩块悬在洞中（正面摄）

除了这些，涠洲岛还有很多不同形态的海蚀洞，如位于涠洲岛东南部湾仔村东南岸海蚀崖上形成的海蚀洞；在斜阳岛火山碎屑岩台地边缘海蚀崖壁上，也可见形成有不同高度的海蚀洞地貌形态；在涠洲岛滴水丹屏景区附近出现低位的海蚀洞地貌。

斜阳岛火山碎屑岩台地边缘海蚀崖壁上不同高度的海蚀洞地貌形态

滴水丹屏景区附近的低位海蚀洞地貌

形成于海蚀崖脚下的低位齿状海蚀洞地貌形态

图 91　潿洲岛屏竞区附近的低位海蚀洞地貌

海蚀崖脚下一线相邻排列形成的低位海蚀洞群地貌形态

120

火山岩岩滩上的微型地貌

在涠洲岛火山岩岩滩上还发育有众多千姿百态的微型地貌。如海蚀沟、海蚀桥、海蚀柱等。涠洲岛西岸、西南岸、东南岸都是由沉凝灰火山角砾岩、火山角砾岩、玄武质火山角砾岩构成的火山岩基岩海岸。由于海岸长期遭受海浪侵蚀，形成了起伏不平的火山岩岩滩或较为平坦的海蚀平台，为在岩滩上发育的海蚀沟、海蚀桥、海蚀柱等众多的地质奇观提供了天然的舞台。

海蚀桥

海蚀桥在涠洲岛只有一处，位于南湾西岸鳄鱼山景区内滑石咀南岸海蚀崖下的火山岩海蚀平台中，为石质天然拱桥，又称天生桥，高约 4 米，宽约 8 米，长约 15 米。

海蚀桥桥面当然并不像人工石桥那样平整。这座海蚀桥是岩滩在海浪的冲刷、掏蚀作用下，由海蚀洞逐步扩大加深、洞顶内部部分岩石崩塌后残留形成的。在鳄鱼山景区滑石咀西侧岸段贼佬洞南侧，则修建有一座形似海蚀桥的人工拱桥。

南湾鳄鱼山景区内,滑石咀南岸海蚀平台中的海蚀桥(天生桥)地貌形态

在滑石咀西侧岸段贼佬洞南侧的海蚀平台上修建的一座人工拱桥,形似海蚀桥,桥面上建有人工栈道

海蚀柱

　　海蚀柱，主要分布于涸洲岛南部西南岸滑石咀—蕉坑海岸、石螺口西南岸潮间带的海蚀平台或岩滩上靠近海一侧（一般在潮间带中部区域）形态多种多样，形状不规则，一般高1米—3米，长4米—7米，宽3米—5米。如蕉坑岸段潮间带靠近海一侧的岩滩上形成有多个不同形状的海蚀柱。

　　海蚀柱是在海蚀平台上由进退潮流和波浪共同作用下形成的，通常在高潮期间被海水淹没，低潮期间出露。无论是三五成群还是单个出现，它们的独特形态都吸引着游人的眼球，为海滩增添了生动有趣的风景。

蕉坑海岸西段潮间带海滩上形成的小型海蚀柱，像一头在海滩上奔跑的牛

蕉坑海岸东段潮间带岩滩上靠近海一侧形成的小型海蚀柱，形似一只在岩滩上抬头张嘴呼唤大海的鸟儿

125

在海蚀平台上形成的暗灰色火山凝灰岩海蚀柱（又称海蚀蘑菇）地貌形态

在石螺口西南岸段中的海滩上形成的海蚀柱，形态似蘑菇。它只有在退潮时才露出海面

在南湾西岸鳄鱼山公园内的海蚀平台上，形成一只表面呈鲜紫红和暗紫红色的海蚀蘑菇

海蚀沟

　　海蚀沟是海水、海浪沿着玄武质凝灰岩、凝灰火山角砾岩的节理冲蚀而成的。海蚀沟在涠洲岛滴水村东南岸段的岩滩上表现得尤为典型。海蚀沟的宽度为20厘米—40厘米，深度为15厘米—30厘米，长为1米—3米，有的位置形成数条与海蚀沟脊平行排列的海蚀沟，并且垂直海岸

滴水村南岸靠近海方向的海蚀沟，在刚刚退潮后出现明显的、平行排列的脊状海蚀沟地貌景观

分布；沟脊上还保存有黑色玄武岩块，如滴水村南岸靠近海方向的海蚀沟。有的海蚀沟与海蚀沟脊呈不规则的弯曲状展布于岩滩上，如在五彩滩和鳄鱼山景区西部月亮湾海蚀平台上的海蚀沟。更有趣的是，在有些地方的海岸潮间带较大型的海蚀沟中，在刚刚退潮后，有时还可以看到海龟等海洋生物在沟底爬行的景象。

在五彩滩海蚀平台上形成的不规则的海蚀沟

鳄鱼山景区西部月亮湾海岸靠近海方向海蚀平台上呈现不规则状分布的海蚀沟地貌景观

石螺口的西部海岸靠近海方向海蚀平台上的大型海蚀沟中，有一只海龟正沿着沟向岸的方向爬行

海蚀墩

  在涠洲岛蕉坑村—滴水村东南岸段的岩滩上，经海浪、海水的冲蚀作用，形成很多形状各异、大小不等的海蚀墩。海蚀墩有的呈馒头状、西兰花状，有的呈小型山脊状、平顶墩状，有的呈叠层状、方块状，成片或成排列队状分布。

鳄鱼山景区西部蕉坑村西南岸海蚀平台上出现成片分布呈馒头状、西兰花状的绿色海蚀墩。海蚀墩表面已长满茂密的苔藓

这些海蚀墩是由沉凝灰岩、凝灰质角砾岩构成，因抗风化能力和抗海水冲蚀能力的差异，经海水、海浪冲蚀作用，形成层状或环状构造。

蕉坑村西南岸海蚀平台上出现成片分布的、呈小型山脊状、平顶墩状的绿色海蚀墩。墩表面已长满绿色、顶部呈灰蓝色的苔藓

在晚霞的照耀下，滴水村东南岸潮间带退潮后出现岩滩石块呈方块状、排列队状展布的海蚀墩地貌景观

在清晨日出阳光的照耀下，横岭村东南岸潮间带退潮后出现的岩滩石块，属于叠层状火山沉凝灰岩海蚀墩地貌景观

在海蚀平台上形成的灰黄色叠层状火山凝灰岩海蚀墩地貌形态

在海蚀平台上形成的密密麻麻、大小不等的火山冲击坑地貌形态

在海蚀平台上形成的密密麻麻、大小不等的火山冲击坑地貌形态

火山岩自然造型

在火山岛，火山岩海岸经海蚀作用，形成千姿百态的岩石造型。

涠洲岛南岸海蚀平台上就有着各种各样造型的岩石。它们有的像动物，有的像植物，妙趣横生，海蚀平台像是海边的生物乐园。这在涠洲岛鳄鱼山景区基岩海岸或岩滩上最为典型，如"二虎对峙""祥瑞貔貅""魔鬼石"等，考验着你的观察力和想象力。

鳄鱼山景区基岩海岸浅水岩滩在海水、潮流和波浪的冲刷和溶蚀作用下，形成形似"二虎对峙"的造型

鳄鱼山景区基岩海岸浅水岩滩在海水、潮流和波浪的冲刷与溶蚀作用下，形成形似"海龟海岸浅水游"的造型

鳄鱼山景区基岩海岸南面岩滩上形似"祥瑞貔貅"造型的岩石

鳄鱼山景区基岩海岸崖壁上形如魔鬼鱼的火山碎屑岩石，被称为魔鬼石

滴水丹屏景区海滩上形成的像一只乌龟的火山岩造型

火山岩岸的重力地貌

　　火山岛火山岩岸的重力地貌成因类型单一，只有倒石堆一种类型。倒石堆大岩块岩性主要由沉凝灰岩及火山角砾岩组成。这种火山岩岸倒石堆分布空间非常小，主要集中在涠洲岛西南部滑石咀—蕉坑和西部大岭、高岭—龟咀、滴水村南岸及猪仔岭东岸等地海蚀崖下的海蚀平台内侧。

　　倒石堆的成因主要是海浪长期不断冲蚀海蚀崖脚，当崖脚根基被波浪冲蚀破坏，支撑不住崖体自身重量时，海蚀崖即发生崩塌，堆积形成在海蚀崖脚下海蚀平台上的倒石堆。在受到海浪侵蚀的海岸边，这种现象仍在继续发展和形成，启示着我们：大自然看似永是静默不动，其实无时无刻不处于变化之中，我们熟识的风景都有可能会在某一天突然发生变化。像右图中的倒石堆，就是此处海蚀崖上的"法国传教士人头像"（由风化和海蚀作用形成的形如人头像侧面的岩石）发生崩塌所造成的结果。

滴水丹屏景区南岸的倒石堆地貌特征

滴水丹屏景区东南岸海蚀崖下的倒石堆

涧洲岛西岸大岭海蚀崖脚下的海蚀平台上的倒石堆地貌特征

火山岛的保护

海岛上的火山国家地质公园

　　涠洲岛的火山地质遗迹，在今天得到了国家的高度重视。2004 年1 月 19 日，"广西北海涠洲岛火山国家地质公园"经国土资源部（现中华人民共和国自然资源部）批准建立。作为火山地质、地貌遗迹的保护管理机构，其对火山地质、地貌遗迹的保护起到了重要的作用，也成为广西一张靓丽的新名片。

　　涠洲岛独特、罕见、完整的火山地质遗迹景观，不仅具有较高的科学研究和观赏价值，为人们提供旅游休闲的好去处，还能够促进对火山地质遗迹景观及生态环境的保护。更为重要的是，地质遗迹是地球历史演化的重要见证，是人们得以窥探地球运动的一扇科学窗口，是进行地质科普教育的天然场所，涠洲岛就像是一座火山岛大讲堂，不管是成年人还是小朋友，来到这里，都将会收获满满的知识，获得丰富的启迪。

"广西北海涠洲岛火山国家地质公园"石碑标志

一旦消失就无法重生的火山岛地质遗迹

涠洲岛的火山地貌景观、火山碎屑岩海蚀地貌，千姿百态、景色壮观、风光奇异，素有南海"蓬莱岛"之称。古人早已懂得欣赏涠洲岛之美。在400多年前，明代著名戏剧家汤显祖游览至此时感叹道："日射涠洲郭，风斜别岛洋"。2006年《中国国家地理》杂志评选出"中国十大最美丽海岛"，其中涠洲岛名列第二。涠洲岛，以其独特的魅力向世人悄悄地揭开了自己神奇的面纱。

回顾历史，珍惜现在

随着涠洲岛声名远扬，纷至沓来的游客在带动了旅游产业的发展，让这座海上火山岛变得日益繁华和热闹，给岛上居民带来了可观的经济利益的同时，也给涠洲岛地质遗迹保护及合理开发带来巨大挑战。涠洲岛地处海上，严重缺乏石材，修路、建房等工程建设活动多以开采海蚀崖作为建筑石材，许多火山碎屑岩分布区成为人类的采石场，如南湾北岸和哨牙湾西岸就曾被当作采石场。

哨牙湾西岸曾被开采的海蚀崖

这些人类的开发和建造活动，建造了岛上极具本土特色、为历代涠洲岛民遮风避雨的火山岩石岩块房屋，改善了涠洲岛民的生活和居住条件，吸引着更多的人来涠洲岛旅游和定居。如涠洲岛东南部邹屋村采用火山岩石岩块建造的庭院式农家乐，房屋墙壁上的火山岩石岩块中的水平层理、交错层理清晰可见。但同时，也有越来越多的人认识到，这样的无序开发和索取是不可持续的。因此，面对涠洲岛地质遗迹这样不可再生的自然瑰宝，完善地质遗迹保护措施已是刻不容缓。

涠洲岛东南部邹屋村采用火山岩石岩块建造的庭院式农家乐，房屋墙壁上的火山岩石岩块中的水平层理、交错层理清晰可见

守护自然，相信未来

　　涸洲岛火山地质遗迹是丰富多彩、震撼人心的，而这些曾经见证地球变迁、经历了岁月沧桑的珍贵地质遗迹，在大自然变动不居的伟力面前又是脆弱的。涸洲岛的重点保护区域鳄鱼山火山地质公园，地质遗迹丰富，分布密集。同时，这一地区西、南及东三面临海， 地质遗迹多由火山岩构成，结构疏松，岩性软弱，且大多分布在海蚀平台及海蚀崖上，长期遭受海浪侵蚀破坏；其次，自然地质遗迹大多呈不规则、凌乱状密集分布在平地（海蚀平台）、海蚀崖上。因此，开展火山地质遗迹的保护工作刻不容缓。

　　目前，在鳄鱼山火山地质公园内，为了避免游客践踏损坏火山地质遗迹，保证游客在观光过程中的安全，已修建了一条规范和引导游客游览路线的游览步道和海岸栈道。游客可以沿着栈道，近距离欣赏一处处精彩的火山喷发遗迹与海蚀地貌，随时驻足观赏眺望，面前的南湾海景、不远处的斜阳岛等美景都可以尽收眼底。

游客可沿着鳄鱼山脚下的规范栈道一路游览，随时可以驻足观赏美丽的南湾

鳄鱼山景区著名景点"海枯石烂"，题字石为一块水中的火山岩

三面临海的鳄鱼山半岛

南湾西岸鳄鱼山岬角风光

涠洲岛-火山岛丰富的火山地貌、海蚀地貌是大自然赐予人类的不可多得的宝贵财富，一旦遭到破坏将永远无法恢复，造成无法弥补的遗憾。涠洲岛的自然环境更是涠洲岛的生命所在。因此，我们要对这些地质遗迹进行全面保护，实现资源的永续开发和利用，还要像爱护自己的眼睛一样，保护好涠洲岛宝贵的生态环境，有效地维护和改善涠洲岛生态系统的平衡和稳定，让涠洲岛的火山地貌和海蚀地貌、海底的珊瑚礁都能够持续在这一片海域和谐共存，让涠洲岛成为世界知名的火山岛、生态岛。

　　我们这一代，有责任、有义务，来理解和读懂大自然留给我们的这座独一无二的火山岛，还要向更多的人讲述好火山岛的故事，用自己的行动来擦亮她，保护她，再将之完整无缺地交给未来。